U0270683

客厅设计广场 第2季

欧式 客厅

客厅设计广场第2季编写组/编

机械工业出版社
CHINA MACHINE PRESS

客厅是家庭聚会、休闲的重要场所，是能充分体现居室主人个性的居室空间，也是访客停留时间较长、关注度较高的区域，因此，客厅装饰装修是现代家庭装饰装修的重中之重。

本系列图书分为现代、中式、欧式、混搭和简约五类，根据不同的装修风格对客厅整体设计进行了展示。本书精选了大量欧式客厅装修经典案例，图片信息量大，这些案例均选自国内知名家装设计公司倾情推荐给业主的客厅设计方案，全方位呈现了这些项目独特的设计思想和设计要素，为客厅设计理念提供了全新的灵感。本书针对每个方案均标注出该设计所用的主要材料，使读者对装修主材的装饰效果有更直观的视觉感受。针对客厅装修中读者较为关心的问题，有针对性地配备了大量通俗易懂的实用小贴士。

图书在版编目（CIP）数据

客厅设计广场. 第2季，欧式客厅 ／ 客厅设计广场第2季
编写组编. — 2版. — 北京：机械工业出版社，2016.6
ISBN 978-7-111-54063-2

Ⅰ. ①客… Ⅱ. ①客… Ⅲ. ①客厅－室内装饰设计－
图集 Ⅳ. ①TU241-64

中国版本图书馆CIP数据核字(2016)第136615号

机械工业出版社（北京市百万庄大街22号　邮政编码 100037）
策划编辑：宋晓磊　　　　　　责任编辑：宋晓磊
责任印制：李　洋　　　　　　责任校对：白秀君
北京汇林印务有限公司印刷

2016年6月第2版第1次印刷
210mm×285mm · 7印张 · 201千字
标准书号：ISBN 978-7-111-54063-2
定价：39.00元

Contents
目录

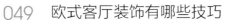

欧式风格电视墙有什么特点

欧式风格电视墙或者奢华、富丽，或者简单、抽象、明快，再配合白色或其他流行色，都能够为客厅营造出美好的家居生活氛围。一踏进欧式风格客厅，映入眼帘的必是矗立于客厅中央的那块电视墙，它独立、傲慢，像一位英姿飒爽的将军，永远立于不败之地。欧式风格电视墙可用大理石、实木、软装饰或壁纸等材料进行装饰。现代的许多居家装饰风格都源自欧洲，有些喜欢欧式浪漫风格的人，也可以把电视墙用壁炉造型作装饰，在墙面上搭配出富有个性的软装或者配饰品，这样会有出彩的效果，让人眼前一亮。

有色乳胶漆

印花壁纸

皮革软包

羊毛地毯　　　　　　　　印花壁纸

镜面锦砖

中花白大理石

米黄色网纹大理石

文化砖

金属壁纸

车边茶镜

白枫木装饰线

印花壁纸

印花壁纸

装饰灰镜

皮革装饰硬包

石膏装饰线

印花壁纸

大理石踢脚线

装饰银镜

米色抛光墙砖

石膏板

车边银镜

布艺装饰硬包

印花壁纸

白枫木装饰线

印花壁纸　　　　　　　　　　　　　　　　　　白色乳胶漆

车边银镜

文化砖

印花壁纸

车边银镜

电视墙设计如何与整体空间结构相协调

电视墙的设计应与梁柱、隔断墙体、门窗洞结合起来考虑。建筑结构的存在,对电视墙设计提出了要求:需要考虑梁与电视墙立面的关系、门洞或通道与电视墙的关系、隔断与电视墙的关系。建筑结构和电视墙共同形成了视觉空间层次,建筑结构和电视墙共同构筑了一个立体的室内空间,梁、柱和门洞等都是建筑空间的构成元素,因此应对这些元素进行恰到好处的利用,通过设计提炼出这些元素自身的空间特征。例如,在设计造型过程中,根据户型的特点,有些会强化梁的特点,有些会强化柱子的特点,又有的会强化门窗洞的特点。在电视墙的设计中引入这些元素,可以形成设计元素上的风格效果。

印花壁纸

雕花银镜

白枫木装饰线

中花白大理石

车边银镜

手工绣制地毯

白枫木装饰线

强化复合木地板

印花壁纸

密度板造型贴清玻璃

黑色烤漆玻璃

印花壁纸

木纹大理石

文化砖

车边茶镜　　　　　　皮革装饰硬包

石膏装饰线

印花壁纸

木质搁板

车边灰镜

白桦木饰面板

车边银镜

米色抛光墙砖

印花壁纸

印花壁纸

白色亚光玻化砖

皮革软包

镜面锦砖

条纹壁纸

白枫木装饰线

木质踢脚线

印花壁纸

印花壁纸

爵士白大理石

密度板雕花描金

印花壁纸

文化砖

印花壁纸　　　　　　陶瓷锦砖

浅啡色网纹大理石　　　　　　　　　　　　　石膏顶角线

手工绣制地毯

皮革软包

装饰银镜

仿古砖

石材装饰电视墙有什么特点

随着装饰石材种类的增加，它已经升级成装饰工程中常用的元素。选用具有天然纹理的石材装饰电视墙，既可以彰显主人的品位，也可以提高房间的奢华大气感。一块华美的或者几款精致的石材，不同的造型、图案和色彩就能打造出个性奢华的电视墙。例如，镶嵌天然文化石的电视墙最为常见，从功能上说，文化石可以吸声，可以避免声响对其他居室的影响，从装饰效果上看，它可烘托出电器产品金属的精致感，形成一种强烈的质感对比，十分富有现代感。人造文化石是一种新型材料，它是用天然石头加工而成，色彩天然，更有隔声、阻燃等特点，非常适合做电视墙，只是这种材料成本较高。砂岩作为一种天然建筑材料，在近几年被崇尚时尚与自然的设计师所推崇。砂岩电视墙颇具质感，具有浮雕的装饰效果。

车边银镜

木纹大理石

印花壁纸

密度板雕花贴银镜

有色乳胶漆

仿木纹玻化砖

车边灰镜

米色亚光玻化砖

密度板雕花贴清玻璃

印花壁纸

白枫木格栅

有色乳胶漆

中花白大理石

灰镜装饰线

米色大理石

木质踢脚线

白枫木装饰线

羊毛地毯

条纹壁纸

条纹壁纸

印花壁纸

白色大理石

印花壁纸

白枫木装饰线

白枫木装饰线 ————

灰白色洞石 ————

印花壁纸 ————

大理石拼花波打线 ————

条纹壁纸

白枫木装饰线

印花壁纸

大理石踢脚线

车边银镜

米色大理石

软包背景墙设计由哪些材质组成

　　1.板材。包括密度板、轧板和阻燃板。密度板的密度较好，手感光滑，加工起来比较方便；轧板是由几层板材胶合而成的，质量很轻；阻燃板的防火阻燃性能和环保级别都较高。

　　2.面料。包括PVC、PU、国外进口面料等。PVC质地硬，因此耐磨程度比较强；相对而言，PU手感较柔软；而进口面料具备许多功能，如防潮、吸湿、耐脏等。

　　3.填充物。软包如果选用的是竹炭填充物，所释放的远红外线能促进人体脑部、肩、颈的血液循环，从而提高睡眠质量；竹炭释放的负离子可以活化细胞、增强免疫力；同时还有净化空气，吸附室内的甲醛、苯等有害气体，除臭及调节湿度等功能。

皮革软包

皮革软包

白桦木饰面板

白枫木装饰线

强化复合木地板

皮革软包

艺术地毯

印花壁纸

木质踢脚线

米色玻化砖

白枫木饰面板

黑白根大理石

米色网纹玻化砖

车边银镜

灰白色网纹玻化砖

印花壁纸

白色网纹玻化砖

肌理壁纸

强化复合木地板

木质搁板

雕花灰镜

印花壁纸

白色亚光玻化砖

印花壁纸

白枫木装饰线

有色乳胶漆

深咖啡色大理石

密度板混油

米色大理石

有色乳胶漆

中花白大理石

米白色玻化砖

车边银镜

艺术地毯

印花壁纸

有色乳胶漆

仿古砖

爵士白大理石

强化复合木地板

白色抛光墙砖

白枫木装饰线

有色乳胶漆

中花白大理石

印花壁纸

皮革软包

皮革软包

电视墙软包施工应该注意哪些问题

1. 切割填塞料海绵时，为避免海绵边缘出现锯齿形，可用较大铲刀及锋利刀沿海绵边缘切下，以保持整齐。

2. 在黏结填塞料海绵时，避免用含腐蚀成分的黏结剂，以免腐蚀海绵，造成海绵厚度减少，底部发硬，导致软包不饱满。

3. 面料裁割及黏结时，应注意花纹走向，避免花纹错乱影响美观。

4. 软包制作好后用黏结剂或直钉将软包固定在墙面上，水平度、垂直度要达到规范要求，阴阳角应进行对角处理。

印花壁纸

白枫木装饰线

混纺地毯

皮革软包

米色网纹大理石

仿古砖

铂银壁纸

车边银镜

印花壁纸

米黄色网纹大理石

密度板雕花隔断

米色玻化砖

木纹大理石

混纺地毯

装饰银镜

米色大理石

米黄色洞石

白枫木装饰线

砂岩浮雕

米色抛光墙砖

陶瓷锦砖

米色网纹玻化砖

陶瓷锦砖

有色乳胶漆

印花壁纸

深啡色网纹大理石

车边银镜

印花壁纸

白枫木装饰线

胡桃木装饰假梁

印花壁纸

什么是欧式装修风格

　　欧式装修风格其实就是借用大量的古典建筑的元素，来获得与欧洲生活相似的特点。此风格继承了巴洛克风格中豪华、动感、多变的视觉效果，也吸取了洛可可风格中唯美、律动的细节处理元素，受到上层人士的青睐。古典奢华风格的欧式装修是欧式装修的精髓，主要采用名贵的柚木、桃花心木、沙比利木、樱桃木等来制造室内木艺和家具。灯具上多采用名贵的全铜吊灯或者水晶灯，采用进口壁纸或壁布装饰墙面。地板一般采用名贵大理石或花岗石，卧室一般采用地毯。在家具的选用上，名贵的全实木家具是首选。大量使用罗马柱、浮雕，采用彩绘、描金等奢侈装饰工艺。富丽堂皇、金碧辉煌是欧式古典装修的主要特征。

舒适型

米色玻化砖

白枫木装饰线　　　　　　　　　　　　　　　　　　车边银镜

车边银镜

白色网纹玻化砖

密度板雕花隔断

白色玻化砖

印花壁纸

强化复合木地板

车边银镜

米色网纹大理石

雕花银镜

白枫木装饰线

木纹大理石

白枫木装饰线

胡桃木饰面板

雕花清玻璃

皮革软包

印花壁纸

装饰灰镜

印花壁纸

印花壁纸

皮革软包

仿古墙砖

木质踢脚线

印花壁纸

手工绣制地毯

胡桃木饰面板

米白色网纹大理石

陶瓷锦砖

装饰银镜

红松木板吊顶

装饰灰镜

车边银镜

雕花银镜

羊毛地毯

米色网纹大理石

皮革软包

米色网纹大理石

米色网纹大理石

车边银镜

陶瓷锦砖

仿古砖

装饰银镜

印花壁纸

陶瓷锦砖

欧式客厅装修有什么特点

　　欧式装修强调以华丽的装饰、浓烈的色彩、精美的造型来达到雍容华贵的装饰效果。欧式客厅顶部喜用大型灯池，并用华丽的枝形吊灯营造气氛。门窗上半部多做成圆弧形，并用带有花纹的石膏线勾边。入厅口处多竖起两根豪华的罗马柱，室内则有真正的壁炉或假的壁炉造型。墙面多选用壁纸，或选用优质乳胶漆，以烘托豪华气氛。地面材料以石材或地板为佳。欧式客厅多用家具和软装饰来营造整体效果。深色的橡木或枫木家具，色彩鲜艳的布艺沙发，都是欧式客厅里的主角。还有浪漫的罗马帘，精美的油画，制作精良的雕塑工艺品，都是点染欧式风格不可缺少的元素。但需要注意的是，这类风格的装修，只有在面积较大的房间内才会达到更好的效果。

黑白根大理石

印花壁纸　　　　　　　　　　　　　有色乳胶漆

陶瓷锦砖

白枫木装饰线

白色亚光墙砖

大理石踢脚线

黑色烤漆玻璃

爵士白大理石

有色乳胶漆

车边银镜

车边灰镜　　白枫木装饰线

车边灰镜　　　　　　　　　　米色网纹玻化砖

印花壁纸　　　　　　　　　　　　　车边茶镜

皮革软包　　　　　　车边灰镜

印花壁纸　　　　　　　　　　　　　车边黑镜

印花壁纸

密度板雕花贴黑镜

车边银镜

印花壁纸

车边银镜

米色网纹大理石

印花壁纸

米色大理石

车边银镜

印花壁纸

印花壁纸

白枫木饰面板

白枫木装饰线

欧式客厅装饰有哪些技巧

配色：欧式风格的底色大多以白色、淡色为主，家具选择白色或深色都可以，讲究系列、风格的统一。

壁纸：可以选择一些比较有特色的壁纸装饰房间，如画有圣经故事以及人物等内容的壁纸就是很典型的欧式风格。

灯具：可以是一些外形线条柔和或者光线柔和的灯，像铁艺枝灯就是不错的选择。

家具：应与硬装修上的欧式细节相称，宜选择深色、带有西方复古图案以及西化的造型家具。

地板：如果是复式的空间，一楼大厅的地板可以使用石材进行铺设，这样会显得大气。如果是普通居室，客厅最好铺设木质地板。

地毯：地毯的舒适脚感和典雅的独特质地与西式家具的搭配相得益彰。最好选择图案和色彩相对淡雅的地毯，过于花哨的地面会与欧式古典的宁静、和谐相冲突。

（欧风）装饰画：欧式风格装修的房间应选用线条繁琐，看上去比较厚重的画框，也不排斥描金、雕花工艺。

装饰灰镜

米黄色洞石

印花壁纸

黑色烤漆玻璃

大理石装饰浮雕

大理石装饰线

银镜装饰线

仿古砖

白枫木装饰线

车边银镜

陶瓷锦砖

中花白大理石

密度板雕花贴茶镜

米色网纹大理石饰面立柱

中花白大理石

深啡色网纹大理石

肌理壁纸   米白色洞石

皮革装饰硬包

装饰银镜

密度板雕花贴茶镜   皮革装饰硬包

白枫木装饰线

米色大理石

直纹斑马木饰面板

米白色大理石

黑色烤漆玻璃

灰白色洞石

仿古墙砖

米色网纹大理石

车边银镜

白枫木装饰线

印花壁纸

米白色大理石

印花壁纸

米色网纹大理石

密度板雕花贴银镜

实木地板

密度板雕花

车边银镜

木纹大理石

皮革软包

车边茶镜

黑胡桃木装饰线

有色乳胶漆

黑胡桃木饰面板

大客厅设计的基本要求是什么

1.视觉的宽敞化。客厅的设计中，制造宽敞的感觉非常重要，不管原有的空间是大是小，在室内设计中都需要注意这一点。宽敞的空间可以给人带来轻松的心境和欢愉的心情。

2.空间的最高化。客厅是家居中主要的公共活动空间，不管是否做人工吊顶，都必须确保空间的最高化。客厅应是家居中净高最大的空间（楼梯间除外），这种最高化包括使用各种视错觉处理达成的效果。

3.景观的最佳化。在室内设计中，必须确保从各个角度所看到的客厅都具有美感，客厅应是整个家居中最漂亮或最有个性的区域。

4.交通的最优化。客厅的布局应该考虑交通的便利。无论是从侧边通过的客厅，还是从中间横穿的客厅，其交通流线都应确保顺畅。当然，这种确保是在条件允许的情况下形成的。

5.家具的适用化。客厅使用的家具，应考虑家庭活动的适用性和成员的适用性。其中最主要考虑的是老人和小孩。

中花白大理石

皮革软包

木纹大理石

印花壁纸

密度板造型隔断

仿古砖

黑胡桃木装饰线

印花壁纸

浅啡色网纹大理石

印花壁纸

绯红色网纹大理石

雕花磨砂玻璃

米色大理石

车边银镜

密度板雕花贴茶镜

浅啡色网纹大理石波打线

雕花银镜

木纹大理石

布艺软包

车边银镜

仿古砖

印花壁纸

雕花银镜

米色大理石

茶色烤漆玻璃

印花壁纸

木质踢脚线

密度板雕花隔断　　　　　　　　　　　　　车边茶镜

米色玻化砖

印花壁纸

米色玻化砖

木纹大理石

陶瓷锦砖波打线

大客厅的空间如何划分

1.利用不同地面材料区分。如会客区铺地毯，餐厅铺木地板，通道铺防滑地砖等。

2.利用墙壁色彩变化区分。色彩变化要注意整体协调，对比不可过于强烈。

3.利用空间吊顶来区分。如可在会客区和餐区分别做两个吊顶。

4.利用墙壁装饰来区分。客厅可用文化墙，而餐厅用酒柜区分。

5.利用特色家具来区分。客厅用沙发、视听柜，餐厅用餐桌椅，门厅用鞋柜、穿衣镜等区分。

6.利用灯光、绿色植物来区分。通过灯光的设置和光影效果的变化，或利用花架、盆栽等隔成不同区域。

印花壁纸

黑色烤漆玻璃

肌理壁纸

车边黑镜吊顶

米白色网纹大理石

手工绣制地毯

白枫木装饰线

白枫木装饰线

镜面锦砖

布艺软包

印花壁纸

米黄色洞石

米色大理石

布艺软包

印花壁纸

米色亚光墙砖

印花壁纸

雕花银镜

米白色网纹大理石

密度板雕花

白色亚光玻化砖

车边银镜

车边银镜吊顶

印花壁纸

印花壁纸

银镜装饰线

石膏板吊顶

混纺地毯

中花白大理石

车边银镜

浅啡色网纹玻化砖

爵士白大理石

印花壁纸

车边灰镜

装饰灰镜

木质踢脚线

混纺地毯

印花壁纸　　　　　　　　　　　　　　　　　　　　　　　　　木纹大理石

印花壁纸

装饰茶镜

仿古墙砖

印花壁纸

怎样设计实用的大客厅

　　设计面积较大的客厅时，应注意合理分割，即划分功能区域。按照室内设计的一般规律，想要在大空间内划分功能区，通常采用两种方法，即硬性划分和软性划分。硬性划分主要是通过家具、隔断的设置，将每个功能性空间设置得相对封闭，使其从大空间中独立出来。通常采用推拉门、搁物架等装饰手段进行划分。但这种划分方式会减少空间的使用面积，给人狭窄、凌乱的感觉。软性划分是目前家庭装修中最常用的分区方式，主要采用"暗示"的手法来划分各个功能区。例如，会客区的地面采用柔软的地毯，餐厅的地面采用容易清洗的强化复合木地板，这种设计虽然没有使用隔断分隔各个功能区，但从地面材料上就可以轻易地进行划分。

深啡色网纹大理石波打线

米色网纹大理石

白色乳胶漆

车边茶镜

镜面锦砖

印花壁纸

石膏装饰线

装饰银镜

米白色网纹大理石

肌理壁纸

印花壁纸

密度板雕花隔断

大理石装饰线

车边银镜

密度板雕花　　　　　　皮革软包

车边银镜

印花壁纸

仿古砖

白松木装饰假梁

深啡色网纹大理石

中花白大理石

羊毛地毯　　　　　　中花白大理石

装饰银镜

雕花茶镜

印花壁纸

木纹大理石

印花壁纸

米色亚光玻化砖

皮革装饰硬包

米色网纹玻化砖

如何设计才能使大客厅不显空旷

　　大客厅能够给人提供舒适、自如的活动空间，但有时也容易给人一种空旷的感觉，要想克服这一问题，最简单的办法就是巧妙地使用各种小饰品，如在大客厅的一面墙壁上悬挂一组较小(不宜过大)的装饰画，不但容易取得较好的装饰效果，还会给人以饱满感。此外，在大客厅中使用色彩较艳丽、图案较抽象的地毯，也会收到很独特的装饰效果。在大客厅中适当摆放绿色植物，再使用有变化的光源，空间就不会变得空荡。

深啡色网纹大理石

米色网纹玻化砖

雕花银镜

米色网纹玻化砖

白枫木百叶

仿古砖

皮革装饰硬包

米色大理石

木纹大理石

大理石装饰线

白色玻化砖

浅啡网纹大理石

印花壁纸

米色釉面墙砖

中花白大理石

石膏装饰线

印花壁纸

木纹大理石

印花壁纸

车边灰镜

装饰银镜

密度板雕花

印花壁纸

密度板雕花隔断

印花壁纸

米色网纹玻化砖

仿古砖   有色乳胶漆

白枫木装饰线

印花壁纸

米色大理石

松木板吊顶

印花壁纸

车边银镜

陶瓷锦砖拼花

印花壁纸

装饰银镜

木质踢脚线

印花壁纸

车边银镜

米黄色网纹大理石　　　　　　　　　　　　　　红樱桃木饰面板

浅啡色网纹大理石波打线

皮革装饰硬包

什么是欧式新古典风格

在今天这个崇尚返璞归真的年代,家居饰品又掀起一轮"新古典主义"浪潮。新古典风格的家具、饰品,所追求的是通过精炼而朴素的造型,适度的雕饰,将古典与现代两者融为一体,带给人们一种全新的浪漫感受。欧式新古典风格摒弃了巴洛克式的图案与奢华的金粉装饰,取而代之的是简单线条与几何图形,直线多、曲线少;平直表面多、旋涡表面少。

印花壁纸

米黄色网纹玻化砖

布艺装饰硬包

白色玻化砖

灰白色网纹玻化砖

车边银镜

米黄色网纹大理石

黑白根大理石

白枫木装饰线

车边银镜

皮革装饰硬包

密度板雕花隔断

布艺软包

大理石踢脚线

印花壁纸

胡桃木装饰假梁

胡桃木饰面板

印花壁纸

手工绣制地毯

雕花烤漆玻璃

米色大理石

中花白大理石   米色玻化砖

米色网纹大理石

实木雕花贴银镜

米色网纹大理石

米黄色网纹大理石

白枫木窗棂造型

印花壁纸

米黄色网纹大理石

印花壁纸

米白色网纹大理石

欧式新古典风格家具的特点

　　欧式新古典风格家具的主要特征为做工考究,造型精炼而朴素,以直线为基调,不做过密的细部雕饰,以方形为主体,追求整体比例的和谐与呼应。家具制作注意理性,讲究节制,避免繁杂的雕刻和矫揉造作的堆砌。家具的腿脚大多是上大下小,且带有装饰凹槽的圆柱或方柱。椅背多为规则的方形、椭圆形或盾形,内镶简捷而雅致的镂空花板或绣花天鹅绒与锦缎软垫。

胡桃木饰面板

车边茶镜

雕花银镜

米黄色网纹大理石

胡桃木饰面板

装饰银镜

中花白大理石

车边茶镜

车边银镜

皮纹砖

中花白大理石

米色网纹玻化砖

强化复合木地板

印花壁纸

装饰灰镜

雕花茶镜

车边银镜

白色玻化砖

白枫木装饰线

黑色烤漆玻璃

雕花灰镜

米色网纹大理石

石膏板肌理造型

白枫木装饰线

印花壁纸

米白色洞石

浅啡色网纹大理石

皮革装饰硬包

深啡色网纹大理石

印花壁纸

米色网纹大理石　　车边银镜

印花壁纸

米色亚光玻化砖

手绘墙饰

仿古砖

印花壁纸

白色亚光墙砖

中花白大理石

陶瓷锦砖

装饰银镜

车边银镜

雕花银镜

米黄色大理石

米色网纹玻化砖

黑白根大理石

皮革软包

肌理壁纸

如何通过颜色让客厅变奢华

　　墙面配色不得超过三种，否则会显得很凌乱。金色、银色在居室装修中是万能色，可以与任何颜色搭配，可用在任何功能空间。用颜色营造居室的层次效果，通用的原则是墙浅，地中，家具深;或者是墙中，地深，家具浅。大红、大绿不要出现在同一个房间内，否则看起来易显俗气。想制造简约、明快的家居品位，小房子就不要选用那些印有大花小花的装修元素，如壁纸、窗帘等，尽量用纯色设计，增加居室空间感。天花板的颜色应浅于墙面，或与墙面同色，否则居住其间的人会有"头重脚轻"的感觉，时间长了，甚至会产生呼吸困难的错觉。天花板也可用现代风格的镜面材质，可增添几分时尚与设计感。

皮革软包　　　　　　　　　　　　　　　　　　　　　　　　　　大理石踢脚线

浅啡色网纹大理石

印花壁纸

装饰银镜

雕花银镜

米色亚光墙砖

有色乳胶漆

中花白大理石

大理石踢脚线

布艺软包

米色网纹大理石

米黄色网纹大理石

皮革软包

密度板雕花隔断

印花壁纸

装饰灰镜

黑白根大理石波打线

白色乳胶漆

中花白大理石

手工绣制地毯

米色网纹大理石

黑白根大理石波打线

白枫木装饰线

黑色烤漆玻璃

白色玻化砖

黑白根大理石

车边银镜

印花壁纸

白枫木装饰线

白色玻化砖

欧式新古典风格的材质元素

1.壁纸：壁纸所能展现的风格、图案和质地完全能够表达华丽感，低调奢华的壁纸通常表现为暗纹暗花，图案以复古图案为主。

2.皮革：通常表现在沙发、茶几或软装饰上，也包含用于局部使用的做成墙面背景的皮革软包材质。

3.玻璃和钢：局部使用一些闪亮的元素能表现装饰主义和古典主义的风潮，是欧式新古典风格的重要表现手法。

4.皮毛：通常在家居中用作床品中的毛毯或沙发上的抱枕。

5.温暖的木饰面：木材具有一种特有的温度，无论是深色还是浅色，都对低调奢华的新古典风格表现非常有帮助，木材能增强整个家居的温馨感。

皮革装饰硬包

木纹大理石

大理石踢脚线

印花壁纸

木质踢脚线

装饰茶镜

米色亚光玻化砖

肌理壁纸

中花白大理石

米色抛光墙砖

米色网纹大理石

白色玻化砖

有色乳胶漆

皮革软包

车边灰镜

皮革软包

金属壁纸

米白色洞石

米色大理石

米色玻化砖